José Luis Rios Flores
Sigifredo Armendáriz Erives
Manuel de Jesús A. Ruiz-Esparza

Pegada hídrica, utilizando índices de produtividade da água

José Luis Rios Flores
Sigifredo Armendáriz Erives
Manuel de Jesús A. Ruiz-Esparza

Pegada hídrica, utilizando índices de produtividade da água

No cultivo de trigo(Triticum aestivum L.) versus grão-de-bico(Ciser arietinum L.) em Cajeme, Sonora

ScienciaScripts

Cover image: www.ingimage.com

This book is a translation from the original published under ISBN 978-620-2-14522-0.

Publisher:
Sciencia Scripts
is a trademark of
Dodo Books Indian Ocean Ltd. and OmniScriptum S.R.L publishing group

120 High Road, East Finchley, London, N2 9ED, United Kingdom
Str. Armeneasca 28/1, office 1, Chisinau MD-2012, Republic of Moldova, Europe
Printed at: see last page
ISBN: 978-620-7-67259-2

Conteúdo

RESUMO

O objetivo era determinar a pegada hídrica das culturas de trigo em grão e de grão-de-bico branco produzidas em Cajeme Sonora, para as quais foram desenvolvidos modelos matemáticos para determinar a eficiência e a produtividade da água em ambas as culturas. $^{-1-1}$Determinou-se que foi utilizado um total de 1.056 L kg para o trigo e 1.621 L kg para o grão-de-bico branco. Os indicadores de produtividade física foram de 0,947 kg $_{m-3}$ no trigo por metro cúbico e de 0,617 kg $_{m-3}$ no grão-de-bico branco. ^{33}Em termos económicos, foram utilizados 115,63 m de água no trigo para gerar 1 dólar de prejuízo e 6,84 m por dólar de lucro no grão-de-bico. ^{33}Os empregos gerados por hectómetro cúbico de água utilizada na irrigação foram de 0,56 empregos hm no trigo e de 1,16 empregos hm no grão-de-bico branco. $^{-1-1}$Da mesma forma, foram necessárias 1,4 h ton no grão de trigo e 4,3 h ton no grão-de-bico branco. Conclui-se que o grão-de-bico branco produzido em Cajeme, Sonora, apresentou indicadores de eficiência económica e social e de produtividade superiores aos determinados para a cultura do trigo.

Palavras-chave: Água virtual, produtividade da água, eficiência hídrica, pegada hídrica.

CAPÍTULO I

I. INTRODUÇÃO

A agricultura de regadio no país estabeleceu-se maioritariamente em zonas áridas e semi-áridas, pelo que se construiu um conjunto de obras hidráulicas para armazenar, iluminar e distribuir a água requerida pelas culturas agrícolas durante o seu crescimento. [1]Atualmente, o desafio que se coloca a esta atividade é o de conseguir maiores taxas de eficiência dos volumes derivados, de forma a combater estrategicamente o perigo crescente de ter uma menor disponibilidade em quantidade e qualidade de água para os diferentes usos (CONAGUA, 2007) .

A agricultura enfrenta hoje vários desafios de sustentabilidade económica e ecológica. [1] [2]Neste contexto, as áreas de irrigação no noroeste do México, especialmente a irrigação por bombagem, precisam de fazer uma utilização mais eficiente dos recursos, principalmente da água, bem como de aumentar a sua produtividade e eficiência (INIFAP, 2004). Neste sentido, as regiões do noroeste do México, particularmente o estado de Sonora, com uma grande tradição cerealífera, onde 53% da sua superfície agrícola é plantada com trigo e grão-de-bico. Particularmente no Distrito de Cajeme, Sonora, SIAP (2014) relatou um total de 269.323,69 hectares, dos quais 73,70% foram plantados com trigo e grão de bico, representando 53,72% do Valor Bruto da Produção nesta região agrícola.

[3]No entanto, de acordo com o INIFAP (2004), a nível estatal, os produtores tiveram que equilibrar a sua atividade agrícola com outras opções de culturas, tais como frutas e legumes que podem ser comercializados nos mercados internacionais. Neste sentido, o grão-de-bico tem características agronómicas que lhe conferem vantagens em relação a outras culturas, como o trigo, razão pela qual se tornou um dos pilares económicos da zona noroeste, uma vez que combina baixas necessidades hídricas com uma boa adaptação ao clima

[1] CNA. 2007. Comissão Nacional da Água. Determinação da disponibilidade de água no Acui'lero 2605 Caborca, Estado de Sonora. CONAGUA, 31p.

[2] INIFAP. 2004. A cultura do grão-de-bico branco em Sonora. Instituto Nacional de Investigaciones Forestales, Agricolas y Pecuarias. Centro Regional de Investigação do Noroeste. Campo Experimental Costa de Hermosillo. Libro Tecnico No 6. 290p.

[3] INIFAP. 2004. Op. cit.

desértico, para além de ter bons preços de mercado, [4][5]Por isso, tem sido considerada uma boa opção para a produção nesta região (INIFAP, 2004), e a FAO (2003) refere que, para conseguir um melhor uso económico e social da água, são necessários métodos para avaliar a sua produtividade, a fim de tomar melhores decisões sobre políticas e estratégias de uso sustentável.

---

[4] INIFAP. 2004. ^dem.

[5] FAO: Unlocking water's potential for agriculture Chapter 3. Why water productivity matters for the global water challenge. Ed. Departamento de Desenvolvimento Sustentável. Roma, Itália. 2003.

CAPÍTULO II

II. OBJECTIVO E HIPÓTESE

2.1 Objetivo

[3]O objetivo *geral* foi determinar as pegadas tétricas, através de indicadores numéricos de eficiência (quantidade de água irrigada por kg de trigo e grão-de-bico produzidos) e produtividade (kg de trigo e grão-de-bico produzidos por m de água irrigada) das águas superficiais irrigadas por gravidade no cultivo de trigo em grão e grão-de-bico branco na região de Cajeme, Sonora e uma vez que tenham o objetivo *específico principal* de compará-los entre si para determinar o grau de eficiência física, económica e social no uso da água em cada cultura é levantada, Os objectivos específicos *secundários* são gerar indicadores da produtividade social do capital e da produtividade do trabalho em cada uma das duas culturas, a fim de as comparar entre si e, assim, determinar qual das duas culturas é mais produtiva na utilização do capital e da força de trabalho.

2.2 Hipóteses

[-1-3]Primeira hipótese: A pegada hídrica em termos ***físicos***, medida em L kg e kg m, do grão de trigo é *superior* à pegada hídrica correspondente do grão-de-bico branco.

[3-3]Segunda hipótese: A pegada hídrica em termos ***económicos***, medida em m /US$ lucro, US$ hm da cultura do grão-de-bico branco é *superior* à da cultura do trigo em grão.

[-3]Terceira hipótese: Na RDD Cajeme, a pegada ***social***, medida em empregos hm da cultura do grão-de-bico branco, é superior à da cultura do trigo em grão.

CAPÍTULO III

III. REVISÃO DA LITERATURA

3.1 Distrito de Irrigação 041 e Sustentabilidade da Água

O Distrito de Irrigação 041, Rfo Yaqui, no noroeste do México (Fig. 1a e 1b), é uma região que nos últimos anos tem sido afetada por um desenvolvimento agrícola insustentável. O estabelecimento de uma agricultura intensiva, associado a uma seca prolongada, provocou o colapso do sistema de barragens e, consequentemente, da atividade agrícola do distrito de irrigação no ano agrícola de 2002-2003. Durante este período de seca, tanto o sistema de barragens do rio Yaqui como os aquíferos dos vales de Yaqui e Cocoraque revelaram-se extremamente vulneráveis, sendo necessário tomar medidas para aumentar a eficiência na gestão e exploração dos recursos hídricos e, desta forma, conseguir uma utilização sustentável da água e das actividades que dela dependem.

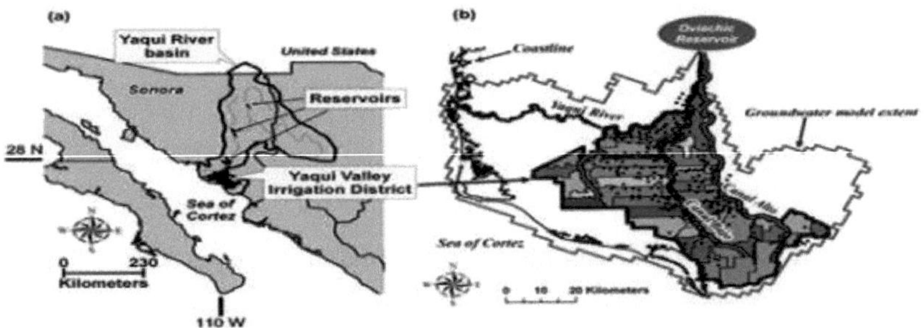

Fig. 1. Localização do Vale do Yaqui: bacia do rio Yaqui (a) e (b) Distrito de Irrigação 041. Fonte: Schoups *et al.*, (2006)6.[6]

[6] Schoups, G., Addams, C. L., Minjares, J. L., & Gorelick, S. M. (2006). Sustainable conjunctive water management in irrigated agriculture: Model formulation and application to the Yaqui Valley, Mexico.Water Resources Research, 42(10).

Em geral, a agricultura no noroeste é quase inteiramente irrigada, o que leva à utilização de águas superficiais e subterrâneas, mas um dos principais desafios é melhorar a eficiência da irrigação (Salinas-Zavala *et al.,* 2006)7. A cultura dominante é o trigo de inverno, que é cultivado de novembro a abril e é irrigado com uma combinação de águas superficiais e subterrâneas. O sistema de águas superficiais é composto por três reservatórios no Yaqui com uma capacidade total de 7000 m3. O escoamento médio anual do Yaqui é de 2.700 106 m3, gerado por taxas de evaporação mais baixas e taxas de precipitação mais elevadas em altitudes mais altas na bacia do Yaqui.

As fortes restrições aos volumes de água autorizados para bombagem e a procura, por parte dos agricultores, de culturas que gerem mais lucro, tornaram necessária a reconversão para culturas que consumam menos água e gerem um lucro elevado. [8] [9]Neste sentido, a cultura do grão-de-bico apresenta ambas as características, por um lado as suas baixas necessidades hídricas na região noroeste, que variam entre 35 e 70 cm de lâmina de rega (INIFAP, 2004) . [39]Em comparação com culturas como o trigo em Cajeme, Sonora, na irrigação por gravidade usa 97cm de folha de irrigação, enquanto em Caborca, na irrigação por bomba requer 96cm, por outro lado na região de Baja California Sur a folha de irrigação desta cultura em gravidade é 97cm, de modo que de acordo com os cálculos a nível regional esta cultura utilizou no ciclo agrícola de 2012 um total de 2.433,71 Mm (Amaya, 2015) . [10]Outra cultura que usa uma grande quantidade de água para irrigação no noroeste é o algodão, que usa uma folha de irrigação de pouco mais de 100cm, de acordo com Rtes *et al.,* (2014) , usou um total de 126,60Mm3 em Cajeme Sonora, com uma folha de irrigação de 1,07m. [10] [113]A

[8] Salinas-Zavala, C. A., Salvador E, L. C., & Fogel, I. 2006. History of winter wheat crop development in five irrigation districts in the Sonoran Desert, Mexico. Interscience. 31(4): 254-261.

[9] INIFAP. 2004. Cultivo de grão-de-bico branco em Sonora. Instituto Nacional de Investigaciones Forestales, Agricolas y Pecuarias. Centro Regional de Investigação do Noroeste. Campo Experimental da Costa de Hermosillo. Libro Tecnico No 6. 290p

[9] Amaya, M. J. 2015. Trigo em grão (Triticum vulgare) de Cajeme, Sonora e sua pegada hidráulica. Tese. Universidad Autonoma Chapingo- Departamento de Zootecnia. Texcoco Edo de México. 55p.

[10] Rios, F. JL.; Torres, M. M.; Ruiz, T. J.; Castro, F. R. 2014. Produtividade e eficiência da água de irrigação no algodão (Gosspium hirsuntum) da DR-017 Comarca Lagunera e DDR-148 Cajeme, Sonora. Relatório do X Congreso Nacional Sobre Recursos Bioticos De Zonas Aridas. Bermejillo, Durango, 1 de outubro de 2014. 206-214pp.

[11] Raos F. JL.; Torres, M. MA.; Torres, M. M.; Castro, F. R. 2014a. Produtividade económica e social da água em uvas sultana e de mesa em DDR-037, Sonora. Relatório da 59ª Reunião Anual do Programa Cooperativo Centro-Americano de Melhoramento de Culturas e Animais (PCCMCA). Manágua, Nicarágua, de 28 de abril a 3 de maio de 2014. 128pp.

cultura da uva no noroeste é também uma das culturas que utiliza uma grande quantidade de água, de acordo com Rtes *et al.,* (2014a) , com o qual se estima que durante o ciclo agrícola de 2012 estas culturas utilizaram um total de 81,28 Mm no Distrito de Irrigação 037-Altar- Pitiquito-Caborca, Sonora. [12-3-3-313]Apesar do facto de a água ser extremamente escassa nestas regiões, os preços da água são extremamente baixos, $0,17 m-3 algodão (Rtes *et al.*, 2014) e $0,16 m para o trigo em Cajeme, $0,71 m para o trigo em Caborca, e $0,19 m para o trigo produzido na Baja California (Amaya, 2015) . [-3]Enquanto em uvas de mesa e sultanas para o Distrito de Irrigação 037 o preço por metro cúbico foi igual a US $ 0,95 m .

[14151612 13 1415]A metodologia para a determinação da pegada hídrica é recente, foi desenvolvida no Reino Unido e na Universidade dos Países Baixos, na Holanda, seus principais representantes são Kijne, Barker e Molden (2003) , Hoekstra (2006) , Hoekstra e Chapagain (2007) , Hoekstra, Chapagain, Aldana e Mekonnen (2011) , Mekonnen e Hoekstra (2010) , No caso mexicano, é o IMTA (Instituto Mexicano de Tecnologia da Água) que o aplica ao nível da bacia hidrográfica e, embora tenha sido pouco aplicado no México para a sua aplicação prática na geração de padrões agrícolas alternativos de poupança de água que maximizem o valor da produção, os lucros e o emprego, [16]alguns autores como Rios *et al* (2015) já o aplicaram no caso da DR-017 de La Comarca Lagunera, determinando em primeiro lugar a pegada hídrica das culturas do padrão agrícola atual e, em seguida, seleccionando as

[12] Rios, F. JL.; Torres, M. M.; Ruiz, T. J.; Castro, F. R. 2014. Produtividade e eficiência da água de irrigação no algodão (Gosspium hirsuntum) da DR-017 Comarca Lagunera e DDR-148 Cajeme, Sonora. Relatório do X Congreso Nacional Sobre Recursos Bioticos De Zonas Aridas. Bermejillo, Durango, 1 de outubro de 2014. 206-214pp.

[13] Amaya, M. J. 2015. Trigo em grão (Triticum vulgare) de Cajeme, Sonora e sua pegada hidráulica. Tese. Universidad Autonoma Chapingo- Departamento de Zootecnia. Texcoco Edo de México. 55p.

[14] Kijne, J. W; R. Barker; Molden, D (eds.) 2003. Water productivity in agriculture: Limits and Opportunities for Improvement. Publicação CABI, Wallingford, Reino Unido. 322p.

[12] Hoekstra, A. Y. 2006. The global dimension of water governance: Nine reasons for global arrangements in order to cope with local water problems. Value of Water Report Series No. 20. UNESCO-IHE, Delft, Países Baixos. Disponível em: http://www.waterfootprint.org/Report_20Global_Water_Governance.pdf/

[13] Hoekstra, A. Y.; Chapagain, A. K.; Waterfootprints of nations: Water use by people as a function of their consumption pattern. Water Resources Management. 21(1):35-48.

[14] Hoekstra, A. Y.; Chapagain, A. K.; Aldaya, M.; Mekonnen, M. M. 2011. The water footprint assessment manual setting the global standard. Earthscan, Londres, Reino Unido. 227p.

[15] Mekonnen, M. M.; e Hoekstra, A. Y. 2010. Uma avaliação global e de alta resolução da pegada hídrica verde, azul e cinzenta do trigo. Hydrology and Earth System Sciences. 14: 1259-1276.

[16] Rios, J. L.; Torres, M. M.; Castro, R.; Torres, M. A. 2015. Determinação da pegada hídrica azul em culturas forrageiras da DR-017 Comarca Lagunera, México. In: Revista de la Facultad de Ciencias Agrarias. Universidade Nacional de Cuyo. Volume 47. No. 1 ano 2015. ISSN impresso 0370-4661. ISSN on-line 1853-8665. Mendoza, Argentina. pp. 93-108.

melhores culturas, ou seja, aquelas com a menor pegada hídrica física, económica e social, [33317]gerou padrões de cultivo alternativos que reduziram até 492 Hm (um Hm equivale a um milhão de m) o volume de água utilizado na produção agrícola, ao mesmo tempo que conseguiu determinar que o VBP (Valor Bruto da Produção), os lucros e o emprego no Distrito de Irrigação não só não diminuíram, como aumentaram até 30.6%, 90,4% e 13%, respetivamente.

3.2 Produção de trigo e de grão-de-bico em Sonora

[3318] [19]Até antes de 1999, a disponibilidade de água subterrânea era de aproximadamente 1.300 Mm, enquanto a extração era de 1.800 Mm, causando uma sobre-exploração dos aquíferos (Donnadieu *et al*, 1999). [33]Em estudos posteriores para os aquíferos de Sonora, verificou-se que a situação era mais crítica, uma vez que para o vale de Yaqui se estimou uma extração de 560 Mm e uma recarga de 460 Mm, o que levou a fortes restrições nos volumes autorizados para bombagem e à procura de culturas mais rentáveis, Por isso, a cultura do grão-de-bico reunia as características requeridas, já que, por um lado, se demonstrou a sua baixa necessidade de rega em comparação com o trigo e, por outro, a grande procura de grão-de-bico no mercado externo (Monreal, 2002)22.

Desde o início da revolução verde, nas décadas de 1950 e 1960, a cultura do trigo tem dominado o sistema de cultivo, graças às condições biofísicas favoráveis para o seu cultivo e à disponibilidade de água de irrigação. As culturas do algodão, da soja e do milho desempenharam um papel importante durante a estação de crescimento da primavera/verão, que tem estado praticamente vazia desde 2002 devido à seca. Nos últimos anos, a descida dos preços do trigo, o aumento dos custos de produção e as preocupações

---

[1733] D e referir que segundo os autores, referem no seu trabalho que na DR-017 Comarca Lagunera, estima-se uma extração anual de água subterrânea na ordem dos 1,1 Hm , enquanto a recarga anual do aquífero é de 0,45 Hm , aproximando assim a extração da recarga anual, o que sugere uma alternativa de sustentabilidade na produção agrícola regional.

[18] **Donnadieu P**, M Roux-Michollet, V Chastagnier . 1999. Revista Filosófica A, **1999^Taylor** & Francis. Disponível em:
Estudo quantitativo por microscopia **eletrónica** de **transmissão** de precipitados à escala nanométrica em ligas Al-Mg-Si

[19] Monreal, R., M. Rangel, J. Castillo e M. Morales. 2002. Estudio de cuantificacion de la cuanficacion de la recarga del acuifero de la Costa de Hermosillo, municipio de Hermosillo, Sonora, Mexico. Hermosillo: Universidade de Sonora.

com a disponibilidade de água doce ameaçaram a agricultura, pelo que as autoridades estatais e federais, juntamente com agricultores progressistas, começaram a explorar e a promover a diversificação das culturas como estratégia para estimular o crescimento económico no vale do Yaqui e promover a produtividade da água (McCullough e Matson, 2011)[23].[20]

Face ao NAFTA, existem três estratégias de sobrevivência possíveis para os produtores nacionais, especialmente para os exportadores tradicionais como os de Sonora: reduzir os custos de produção, aumentar os rendimentos e diversificar os padrões de cultivo. A tecnologia do trigo em sulcos e da lavoura de conservação como uma opção de baixo custo, que poupa mão de obra e custos, difundiu-se no Vale de Yaqui; mesmo alguns produtores estão relutantes em adoptá-la. Os custos foram reduzidos em média até 40%, mas a adoção desta tecnologia é função da redução de custos, não da convicção do seu valor produtivo, que também está provado que rende o mesmo que as tecnologias convencionais. A diversificação com hortaliças, milho e algodão foi proposta, mas ainda não há nenhuma cultura que possa substituir os 200.000 hectares plantados com trigo no sul de Sonora, que é cultivado apesar das diferenças nos custos de produção com os principais concorrentes. Por seu lado, a história dos produtos hortícolas não mudou substancialmente desde antes da assinatura do NAFTA. Entre os legumes mais importantes contam-se: melancia, espargos, alface, couve-flor, malagueta, tomate, melão, cebola e courgette. Mas há investigadores que falam de mais de 100 culturas potenciais para a região. O maior aumento da área cultivada de hortaliças foi registado entre 1975 e 1990; a percentagem da área total cultivada foi de 1,46% e 5,33%, respetivamente. As exportações aumentaram nos mesmos períodos de 4,5% para 14% do total; Sonora ficou em segundo lugar nas exportações de produtos hortícolas (Sanchez, 2008)[24].[21]

O trigo em Sonora não é apenas uma cultura e uma atividade económica dos

[23] [20] McCullough, E. B., & Matson, P. A. (2011). Evolução do sistema de conhecimento para o desenvolvimento agrícola no Vale Yaqui, Sonora, México. Actas da Academia Nacional de Ciências, 201011602. 1-6p.

[24] [21] Sanchez, M. A. (2008). Organizações do sector social no Vale do Yaqui. Frontera Norte, 20(40): 135-167.

produtores rurais, a sua produção está imersa na própria cultura; o Vale de Yaqui é um ponto de referência mundial para a produção de trigo. As condições climatéricas do estado permitem que 75% da produção de trigo seja do tipo cristalino, uma vez que o trigo de farinha tem menor produtividade e é mais suscetível a doenças. O trigo em Sonora representa 38% da área cultivada no México e 50% da produção nacional. Os rendimentos são 30% superiores à média nacional e 121% superiores aos rendimentos mundiais, de acordo com dados da Organização das Nações Unidas para a Alimentação e a Agricultura (FAO), tendo alguns produtores do vale de Yaqui registado rendimentos de até 11 toneladas por hectare. Estes resultados são possíveis porque o Estado tem as melhores condições climáticas para a produção de trigo, com circunstâncias favoráveis no outono e no inverno que proporcionam pelo menos 750 horas de frio. O trigo de Sonora tem três mercados bem definidos: um é a indústria da farinha, que consome 23% da produção do estado; o outro é o mercado pecuário, principalmente a indústria suína, que demanda 31%; e, por último, a exportação, com 46%. Dos três, a indústria da farinha representa uma clara oportunidade de desenvolvimento de fornecedores, ligando pequenos produtores ao mercado (Diaz, 2013)25.[22]

Em termos de área colhida, o grão-de-bico representa a sexta cultura mais importante no estado, depois do trigo em grão (50,3%), cártamo (5,8%), sorgo em grão (5,3%), alfafa (4,5%), milho em grão (3,7%) e grão-de-bico em grão (3,0%), representando também 1,1% do Valor Bruto da Produção estadual gerado no ciclo agrícola de 2014. [23]A importância da cultura nos últimos anos deve-se à sua rentabilidade e eficiência no uso da água (35-70 cm de lâmina de irrigação), bem como à geração de mão de obra e divisas (INIFAP, 2005) . No estado de Sonora, a cultura do grão-de-bico é produzida principalmente em regime de regadio (99%), enquanto que o 1% restante é produzido em regime de sequeiro, e 99,6% da produção é obtida em regime de regadio, o que indica que 99,7% do Valor Bruto da Produção é gerado em regime de

[25] [22] Diaz, J.P. 2013. O trigo mexicano vem do sul de Sonora. Artigo do Economist de 14 de agosto de 2013. Disponível em: http://eleconomista.com.mx/columnas/agro-negocios/2013/08/14/trigo-mexicano-viene-sur-sonora / último acesso em 15 de outubro de 2015.

[23]INIFAP. 2005. Costa 2005. Nova variedade de grão-de-bico branco para a Costa de Hermosillo. Instituto Nacional de Investigaciones Forestales, Agricolas y Pecuarias. Centro Regional de Investigação do Noroeste. Campo Experimental da Costa de Hermosillo. Folheto técnico nº 28. 24p.

regadio. -1-124As datas de plantação estendem-se de 15 de novembro a 15 de janeiro, com rendimentos que variam entre 1,34 ton ha em regadio e 0,7 ton ha em sequeiro (SIAP, 2014) .

O Distrito de Desenvolvimento Rural de Cajeme foi o mais produtivo da história e, em 1990, 5.562 hectares foram dedicados à produção hortícola. A superfície explorada pelos horticultores no final de 1990 em Sonora representava um valor de 47% do total de divisas do sector agrícola, embora o trigo ocupasse 40% com 224 mil toneladas, das quais quase 45% correspondiam ao Vale de Yaqui, já que entre 1997-1998 a superfície aumentou para 10.446, o que representava aproximadamente 60%. A área de horticultura representa apenas 3% do total e permaneceu a mesma durante a década de 1990 (Sanchez, 2008)28.[25]

3.3 Produção agrícola em Cajeme, Sonora

Para compreender a importância do cultivo do trigo e do grão-de-bico em Cajeme, é preciso primeiro compreender a importância de Cajeme no estado de Sonora. O estado de Sonora é dividido de acordo com o SIAP (2015) em doze distritos de irrigação (Agua Prieta, Caborca, Cajeme, Guaymas, Hermosillo, Magdalena, Mazatan, Moctezuma, Navojoa, San Luis Rfc "s Colorada e Ures), de acordo com esta mesma fonte durante o ciclo agrícola de 2014 um total de 526, 662.36 hectares em todo o estado, dos quais foram colhidos 523.750,62 hectares, com um Valor Bruto da Produção (VBP) de $16.920.026,39 mil pesos. Em termos relativos, Cajeme representou 51,1% da área agrícola (269.323,69 hectares), 51,4% da área colhida e 43,5% do VBP ($7.354.578,58 mil pesos), o que indica a importância do distrito de Cajeme na produção agrícola do estado.

De acordo com SIAP (2014), o município de Cajeme representou 17,3% da superfície agrícola a nível estadual com 102, 835 hectares de culturas, ocupando o terceiro lugar em importância económica, gerando 3.450 milhões de pesos (MDP), precedido por Hermosillo e Caborca. Mencionam também que as principais culturas de importância económica são o trigo em grão que

27SIAP, 2014. Anuarios estadisticos de la produccion agropecuaria. Serviço de Informação Agroalimentar e Pesqueira. SAGARPA-SIAP. Disponível em: http://www.siap.gob.mx/ / (último acesso em 25 de agosto de 2015).

2528 Sanchez, M. A. (2008). Organizações do sector social no Vale do Yaqui. Frontera Norte, 20(40): 135-167.

em 2014 representou 27,2% do valor da produção estadual com $ 7.384 MDP com 2.089.981 toneladas produzidas, seguido da uva, que representou 19,5% do valor da produção com $ 5.282 MDP com suas 271.580 toneladas produzidas. O aspargo, que representa 11,5% do valor bruto da produção a nível estadual, gerando R$ 3.114 MDP com a venda de 84.023 toneladas de aspargos. Outra cultura economicamente importante para o estado de Sonora é a batata com 8,9%, gerando $2.415 MDP com as 352.050 toneladas geradas. O grão-de-bico, que gerou $863MDP representando 3,2% do valor bruto da produção para o estado de Sonora (Fig. 2).

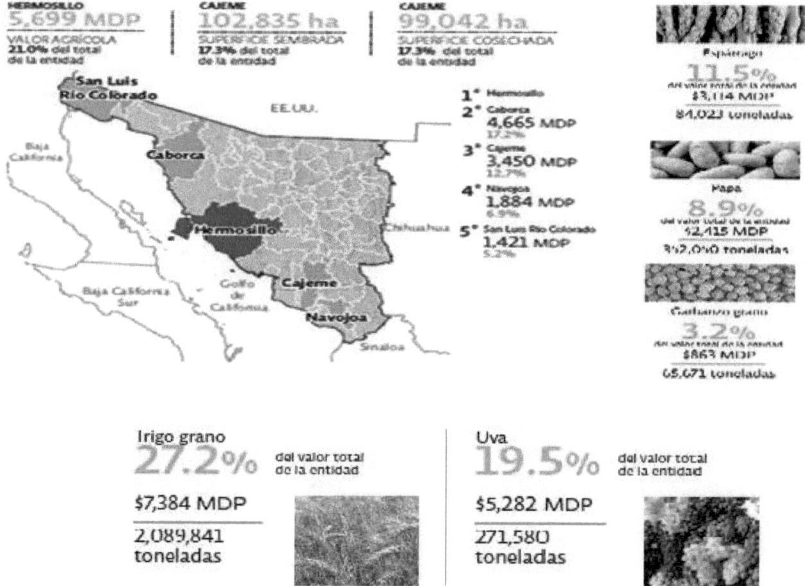

Fig. 2. Principais municípios e produtos do sector agrícola no estado de Sonora. Fonte: SIAP (2014) .[26]

[27]Segundo dados do SIAP (2015) , para o período entre 2003 e 2014, a área de grão-de-bico sofreu oscilações na área colhida de 218 hectares em 2003 para 1.817 hectares em 2014, aumentando a área a uma taxa de 19,3% ao

---

[26] SIAP (2014). Infográficos sobre alimentos. Sonora. Sistema de Informação Agrícola -SAGARPA. 1 ªedição. 70pp. Disponível em: http://www.siap.gob.mx/pdfjs/web/viewer.php?file=Sonora.pdf / (Acedido em 20 de setembro de 2015).

[27] SIAP. (2015). Sistema de Informação Agrícola. Cierre de la producción agricola por estado. Disponível em: http://www.siap.gob.mx/cierre-de-la-produccion-agricola-por-estado/ (Acedido em 30 de setembro de 2015).

ano, com uma média de 2.555 hectares colhidos. A produção cresceu a uma taxa de TAC=18,9% de 327 para 2.618,80 toneladas, enquanto o preço médio rural passou de US$ 3.850 para US$ 11.287 por tonelada, o que indica um crescimento na ordem de TAC= 9,4% no período. A produtividade desta região foi em média de 1,83 toneladas por hectare, enquanto a média nacional é de 1,61 toneladas por hectare, o que indica que a produtividade da região de Cajeme é 14% maior que a média nacional (Fig. 3).

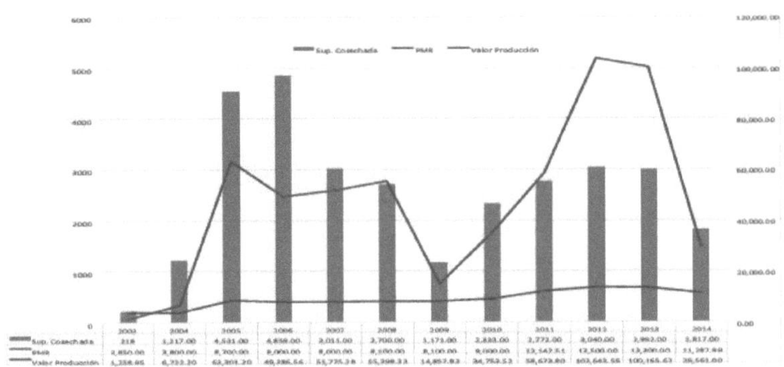

Superfície colhida, preço médio rural e valor bruto da produção de grão-de-bico em Cajeme, Sonora.

[28]De acordo com dados do SIAP (2015) , para o período entre 2003 e 2014, a área de trigo em grão passou de 78.681 hectares em 2003 para 76.183 hectares em 2014, diminuindo a área a uma taxa de 0,3% ao ano, com uma média de 59.618 hectares colhidos. A produção cresceu a uma taxa de TAC=1,6%, passando de 393.005 para 473.694,90 toneladas, com uma média de 371.418 toneladas por ano, enquanto o preço médio rural subiu de $1.400 para $3.225 por tonelada de trigo, indicando um crescimento de cerca de TAC=7,2% no período. O rendimento desta região foi em média de 1,8 toneladas por hectare, semelhante ao rendimento do grão-de-bico, enquanto o rendimento médio nacional é de 5,19 toneladas por hectare, indicando que a região de Cajeme produz 84% mais do que o rendimento nacional (Fig. 4).

[28] SIAP. (2015). Sistema de Informação Agrícola. Cierre de la producción agricola por estado. Disponível em: http://www.siap.gob.mx/cierre-de-la-produccion-agricola-por-estado/ (Acedido em 30 de setembro de 2015).

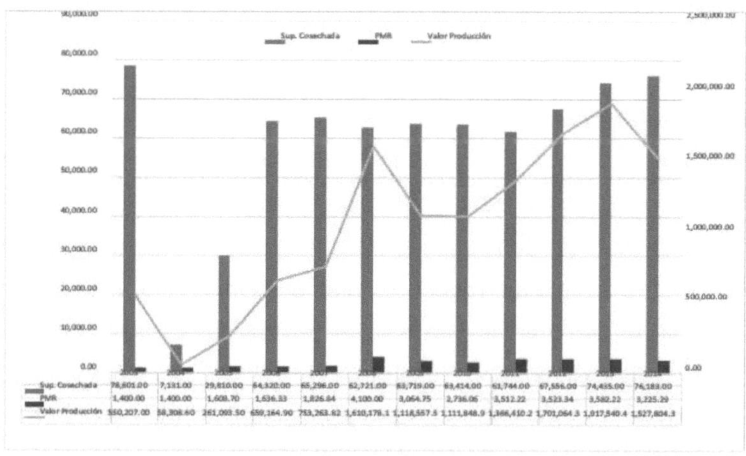

Fig. 4 - Superfície colhida, preço médio rural e valor bruto da produção de trigo em Cajeme, Sonora.

CAPÍTULO IV

IV. MATERIAIS E MÉTODOS

4.1 Fontes de informação

Os dados base utilizados para a obtenção de cada uma das demais variáveis foram os valores de área colhida, produção física anual, preços por tonelada (dividindo o Valor Bruto da Produção pela produção física anual), informados para o DRR- 148 Distrito de Irrigação, Cajeme Sonora, pelo SIAP para o ciclo agrícola 2014-15, a partir do SIAP, e os custos por hectare e número de diaristas por hectare informados pela FIRA em 2014, obtidos através do SIAP, Cajeme Sonora, pelo SIAP para o ciclo agrícola 2014-15, a partir do SIAP e os custos por hectare e número de diaristas por hectare informados pelo FIRA em 2014, obtidos através do Sistema de Elaboração de Custos Agrícolas em seu Módulo Agrícola do FIRA para o cultivo de trigo em grão e grão-de-bico branco.

As fontes de dados são secundárias, uma vez que foram utilizados dados do Anuário Estatístico da Produção Agrícola, ciclo 2014-15, do SIAP (Sistema de Informação Agropecuária e Pesqueira), nomeadamente valores de área colhida, produção física anual, preço médio rural (PMR) e rendimentos físicos por ha para as culturas de trigo e grão-de-bico em grão, A segunda fonte é o FIRA, que obteve o custo total por hectare, com cada um dos seus elementos constituintes, através da sua página web: preparação do solo, sementeira e fertilização, trabalhos de cultivo, rega, fitossanidade, colheita, custos financeiros e diversos. Da mesma forma, os custos de produção por hectare da FIRA consideram o volume líquido de água irrigada à cultura, pelo que, para obter a folha líquida de irrigação, esse volume de água foi dividido por 10.000, pelo que a folha líquida foi dada em metros lineares, e como a FIRA gere o volume já líquido aplicado por hectare à cultura, a folha de irrigação não foi sujeita a qualquer percentagem de eficiência, insiste-se, uma vez que a FIRA a consigna já como volume líquido de água aplicada.

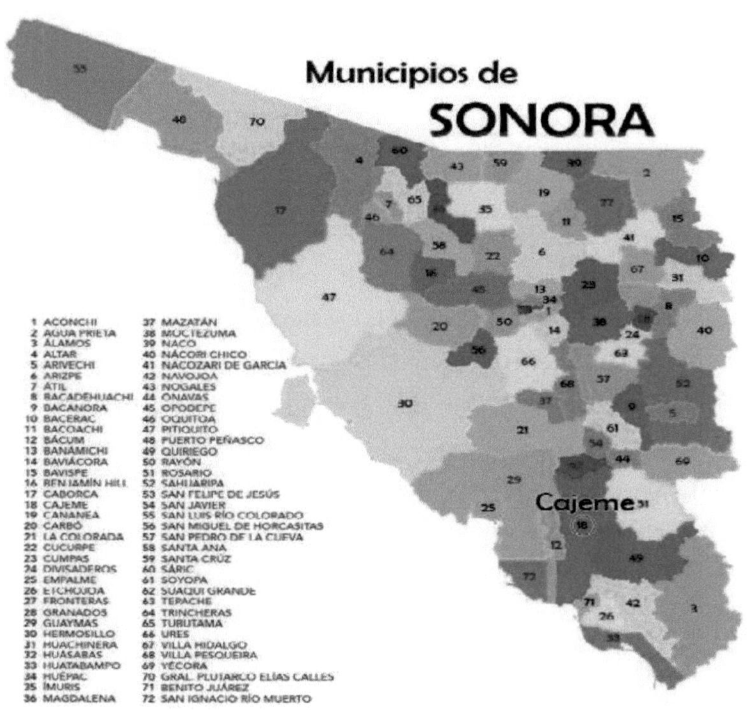

1	ACONCHI		M AZATAN
	ÁGUA PRECOCE		MOCTEZUMA
1	ALAMOS		NACO
	ALTAR	40	NACORI CHICO
	ARFVECHI		NACOZARI DE GARCIA
	ARtZPE	42	NAVOJOA
	ATIL	43	ÁRVORE DE NOGUEIRA
8	BACADEHUACHI		ONAVAS
	BACAN ORA	45	OPODEPE
10	BACERAC	46	OQUITOA
	BACOACHI		PITIQUITO
	BACUM	48	PORTO PENASCO
	BANAMICHI	49	QUIRIEGO
	BAVIACORA	50	RAYON
	BAVISPE	51	ROSÁRIO
	BENJAMIN HILL	52	SAHUARIPA
'7	CABORCA		SÃO FILIPE DE JESUS
Se	CAJEME		SAN JAVIER
	CANÁNIA	55	SAN LUIS RIO COLORADO
30	CARBO	56	SAN MIGUEL DE HORCASITAS
21	LA COLORADA		SAN PEDRO DE LA CUEVA
	CUCURPE	58	SAN IA ANA
23	CUMPAS	59	SANTA CRUZ
	DIViSADEROS		SARIC
25	EMPALME		SOYOPA
26	ETCHOJOA		SUAQUI BIG
	ERAS FRONTAIS	63	TEPACHE
	GRANADOS		TRENCHES
29	GUAYMAS	65	TUBUTAMA
30	HERMOSILLO		URES
31	HUACHINERA	67	VILLA HIDALGO

1 ACONCHI M AZATAN
HUASABAS VILLA PESQUEIRA
HUATABAMPO 69 YECORA
HUE PAC 70 GRAL PLUTARCO ELI AS CALLES
35 IMURIS 71 BENITO JUAREZ
MAGDALENA SAN IGNACIO RIO MUERTO

Figura 5: Localização geográfica do município de Cajeme no estado de Cajeme.

Sonora, México (Fonte: https://dinosenglish.edu.vn/mapa-de-sonora-con-division-politica-1690605724736795/)

[39]A metodologia de Rios *et al* (2015)[32] é utilizada para a estimativa da pegada hídrica através de indicadores de produtividade física, económica e social da água utilizada na produção, que tem a vantagem de ser aplicada a vários níveis de agregação, em que variam a cultura, a região geoeconómica, o tipo de posse da terra, o tipo de rega, e até no mesmo tipo de rega, a bombagem de água subterrânea, por exemplo, o impacto de cada um destes diferentes tipos de irrigação, como a bombagem e a subsequente irrigação por gravidade, ou o método cintilante, ou a irrigação por aspersão, canhão, pivô central, como cada um destes tipos de irrigação em particular, e ainda mais a variação no tipo de posse de terra ou a região agrícola afectam de forma diferente a pegada hidráulica.

A metodologia da pegada hídrica foi utilizada neste trabalho, em princípio, porque é de suma importância, em prol da sustentabilidade a longo prazo, saber quanta água é demandada na produção de qualquer produto ou serviço e, em particular, porque é necessário que os tomadores de decisão como CONAGUA, SAGARPA, entre outros, tenham indicadores que permitam a realocação de recursos escassos como água e solo, tendo sempre em vista a minimização do uso da água ao mesmo tempo em que se otimiza o VBP, SAGARPA, entre outros, ter indicadores que permitam a realocação de recursos escassos como a água e o solo, tendo sempre em vista a minimização do uso da água ao mesmo tempo em que se otimiza o VBP, os lucros e o emprego, ou seja, a sustentabilidade no uso dos recursos

[39][32] Rios, J. L.; Torres, M. M.; Castro, R.; Torres, M. A. 2015. Determinação da pegada hídrica azul em culturas forrageiras da DR-017 Comarca Lagunera, México. Revista da Faculdade de Ciências Agrárias. Universidade Nacional de Cuyo. Volume 47. No. 1 ano 2015. ISSN impresso 0370-4661. ISSN on-line 1853-8665. Mendoza, Argentina. pp. 93-107.

disponíveis.

4.2 Delimitações, variáveis avaliadas, definições utilizadas neste estudo e nível de agregação da análise.

[40]Com base em Mekonen e Hoekstra (2011*)* , que classificam a pegada hídrica em azul, verde e cinzenta, a primeira classificação corresponde à pegada hídrica relacionada com as águas superficiais ou subterrâneas ou de gravidade, como lhe chamam Mekonnen e Hoekstra (2011, *op. cit.). Cit*) às águas subterrâneas ou de gravidade, enquanto a pegada hídrica cinzenta está relacionada com as águas residuais da indústria ou do sector urbano utilizadas na agricultura, pelo que no nosso caso se trata da pegada hídrica azul, que pode ser estimada através de indicadores numéricos de produtividade e/ou eficiência hídrica, quando ambos os indicadores, [3]tem na sua origem primária o funcionamento de um quociente, em que, na sua forma de indicador de *eficiência*, regista no numerador a quantidade de água utilizada (litros, m , galões) enquanto que no denominador regista a unidade de produto físico (kg, libras, bushels, tonelada, etc.) produzido, enquanto que a pegada hídrica, Se a pegada hídrica for vista como um índice de *produtividade, o* numerador e o denominador são invertidos, com a quantidade de produto físico no topo do quociente e a quantidade de água utilizada no denominador; no entanto, neste estudo pretendemos dar um passo em frente e avaliar a pegada hídrica utilizando índices económicos, [3]em que o produto inclui a sua faceta económica, assim, serão determinados indicadores de lucro $/m, bem como indicadores da pegada hídrica na sua vertente social, através da geração de indicadores de número de postos de trabalho/hectómetro, tendo assim este trabalho o contributo de indicadores que servem para a avaliação da sustentabilidade económica e social.

Com base em Hoekstra e Chapagain (2007 *op cit),* a pegada hídrica é *geralmente* definida como a quantidade de água doce utilizada para produzir uma unidade de produto ou serviço, por exemplo, cada vez que bebemos uma chávena de café equivale a consumir 140 litros de água, pois é precisamente essa a sua *pegada hídrica*, ou seja, a média (global, regional e temporal) de

[40] Mekonnen M. M. e A. Y. Hoekstra. 2011. The green, blue and grey water footprint of crops and derived crop products. Hydrology and Earth Systems Sciences 15:1577-1600.

água necessária para produzir os grãos de café necessários para produzir uma chávena de café é de 140 litros de água, a nível regional e temporal varia) que a água necessária para produzir os grãos de café necessários para produzir uma chávena de café são 140 litros de água, ou comer uma barra de chocolate é o mesmo que consumir 2400 litros de água, porque essa é a sua pegada hídrica média global, comer um tomate vermelho grande requer 180 litros de água (insistimos, média global, porque a pegada hídrica varia de região para região, e mesmo na mesma região dependendo do tipo de solo, do sistema de produção, do clima...)...), então, de uma forma geral, a pegada hídrica não é mais do que a quantidade de água utilizada na produção de um produto, e se essa água for proveniente da chuva (ou seja, da produção agrícola em regime de sequeiro), então falamos da pegada *hídrica verde*^ enquanto que a *pegada hídrica azul* se refere à utilização de água quer subterrânea quer de origem superficial que era previamente armazenada em barragens e distribuída pelas culturas, enquanto a *pegada hídrica cinzenta* se refere ao volume de água poluída no processo de produção e devolvida ao ambiente.

Para atingir o objetivo, foram avaliadas catorze ***variáveis*** independentes, que reflectem a pegada hídrica nos seus aspectos físicos (Y1 e Y2), económicos (Y3 a Y7) e sociais (Y8 a Y14):

Y $_{1}$ = Litros de água/kg

Y ^{3}2 = Kg/m de água

Y $_{3}$ = Litros de água por 1 dólar de rendimento bruto

Y ^{3}4 = Receita bruta por m de água

Y ^{3}5 = Lucro bruto por m de água

Y $_{6}$ = Litros de água por 1 dólar de lucro

Y ^{3}7 = Preço por m de água para o produtor

Y ^{33}8 = Lucro bruto por m /preço da água m ao produtor

^{3}Y9 = Empregos gerados por 100.000 m de água

Y $_{10}$ = Horas de trabalho investidas por tonelada

Y $_{11}$ = Ganhos por trabalhador (milhares de dólares)

Y $_{12}$ = Ganho por hora de trabalho investido

Y_{13} = Ponto de equilíbrio (tonelada/ha a não perder nem ganhar)

Y_{14} = Vulnerabilidade ao crédito= Rendimento físico por ha/Yi3 = vulnerável se Y14<1

O estudo *limitou-se*, em princípio, ao cultivo de ***trigo em grão***, e ***geograficamente*** o estudo limitou-se ao Distrito de Desenvolvimento Rural (DDR) de Cajeme, Sonora, limitando-se também à análise do tipo de irrigação por ***bombagem***, pelo que o estudo se limitou à determinação da pegada hídrica ***azul***, e a cultura foi contrastada com os correspondentes indicadores físicos, económicos e sociais da pegada hídrica da cultura de grão-de-bico branco produzida no mesmo DDR, Cajeme, Sonora.

Com base na metodologia de Mekonnen e Hoekstra (2011 *OP. CIT.*) para registo e contabilização do consumo de água, utiliza-se a **definição** do conceito de *produtividade* como uma razão de variação, ou seja, um quociente, em que o numerador é a quantidade de produto "Q" de tipo físico ou económico ou social, enquanto o denominador é a quantidade de água, obtendo-se assim o seguinte modelo matemático de produtividade da água:

$$\text{Produtividade} = \frac{\text{quantidade de produto}}{\text{UNIDADE DE ÁGUA}}$$

Considerando que a eficiência na utilização da água foi definida como um quociente em que o numerador é a quantidade de água utilizada e o denominador é a unidade de produto (físico, económico, social...); por conseguinte, a equação que lhe daria origem seria a seguinte

$$\text{Eficiência} = \frac{\text{quantidade de água}}{\text{unidade de produto}}$$

Definiu-se, a priori, que um posto de **trabalho permanente** é igual ao número de dias úteis que um ser humano trabalha durante um ano em condições de produtividade social média, para o qual se assumiu também a *priori* que o ser humano trabalha seis dias por semana durante 48 semanas por ano, ou seja, um emprego permanente é equivalente ao trabalho que um ser humano efectua num ano, equivalente a 288 dias úteis, ou seja, um ser humano trabalha, em condições de produtividade social média, um total de

2304 horas por ano (= 8 horas x 6 dias por semana x 48 semanas por ano).

4.3 Metodologia e modelos matemáticos utilizados

[41]Utilizámos a metodologia da ciência económica, ou seja, a lógica económico-matemática, cristalizada em modelos ou equações matemáticas, que descrevem cada uma das formas de produtividade e/ou eficiência (ver neste capítulo, a parte em que falamos das equações matemáticas utilizadas, que vão de Y1 a Y14) do uso da água, com base na metodologia utilizada pela Economia segundo Ferguson e Gould , que segundo a sua tabela:

Figura 6: Metodologia nas ciências biológicas-agronómicas e na ciência económica

Fonte: Ferguson e Gould (1987)

Ferguson e Gould (1987 *Op. Cit.*), salientam que a ciência económica tem o seu próprio método científico, que não se baseia na experimentação (ao contrário das ciências biológicas e agronómicas, por exemplo), mas na lógica matemática, ou seja, na abstração de todas as características irrelevantes, e retomando apenas as características essenciais de um fenómeno económico. Daí resulta que a ciência económica, ao contrário das ciências biológicas, tem o seu próprio método, que não se baseia na experimentação, dada a natureza social da economia, mas na lógica.

[42][43]Da mesma forma, ao analisar um único ano agrícola e comparar duas culturas diferentes, a Economia Descritiva, um dos três ramos científicos da Ciência Económica, aplicou a abordagem metodológica *estático-comparativa* -

[41] **Fergusson CH. E. e J. P. Gould. 1987.** Theona microeconomica. FCE. México, DF.pag. 11

[42] Os outros dois ramos são a PoHtica Economia e a PoHtica Económica. Ver Astori D, 1984. Uma abordagem crítica dos modelos de contabilidade social. 5 ªedicion. Siglo veintiuno editores. México.

[43] **Astori D. 1984**. Uma abordagem crítica dos modelos de contabilidade social. 5ª edição. Siglo veintiuno editores. México.

estática porque se tratava de um único ano e comparativa porque comparava várias culturas dentro desse ano (Astori, 1984) .

O volume de água irrigada por ha é dado pelo modelo:

$$V=10000LR$$

Foram avaliadas seis ***variáveis*** independentes para a determinação da pegada Imdrica:

1) $^{-3}$ A quantidade de kg produzida por metro cúbico de água (Kg m), gerada pelo modelo:

$$^{-3-1}\text{kg m} = 10 *(RF/LR)$$

Onde RF = rendimento físico por hectare (em ton ha-1), LR = folha de taxa de irrigação

2) A quantidade de água de irrigação necessária para produzir um kg de produto físico, gerada pelo modelo:

$$^{-14}\text{Litros kg} =10 *(LR/RF)$$

3) O montante do lucro em dólares americanos produzido por hectómetro cúbico de água de rega gerado pelo modelo:

$$^{--32}\text{USD\$ de lucro hm} =10 * g* LR^{-1}$$

Onde: g = lucro por ha. g = RM - c = RF (p) - c, RM = rendimento monetário ou receita por hectare, "p" é o PMR e "c" é o custo por hectare.

4) ^{3}A quantidade de água irrigada (em m) necessária para produzir um lucro de USD$1, gerada pelo modelo:

$$^{3-14}\text{m g} = 10\ LR\ g^{-1}$$

^{42}Onde: 10 são os 10.000 m de um ha.

5) ^{3}O número de postos de trabalho permanentes "E" associado à utilização de um hectómetro cúbico (hm) de água utilizada na irrigação, gerado pelo modelo:

$$^{-3}\text{Empregos hm} = (25/72)*(J/LR)$$

Onde: J = número de dias de trabalho por hectare. $^{-1}$1 dia útil = 8 horas de trabalho por dia, assume-se a priori que uma pessoa trabalha 6 dias úteis por semana durante 48 semanas por ano, o que equivale a 288 dias úteis por ano; ^{3}(25/72) é a simplificação da regra de três, em que temos, em cima à esquerda, "J" e à direita a quantidade de metros cúbicos irrigados por hectare (igual ao produto de 10.000 m pela lâmina de irrigação "LR" em metros) e em baixo, à esquerda, "E" e à direita 1.000.000 m .

6) A apropriação privada dos lucros em relação ao preço pago pela água, gerada pelo modelo:

$^{-33}$g / preço da água =g m /custo por m de água

Onde: o "preço da água" é a divisão do item "irrigação" dentro dos componentes ou itens da estrutura de custos "c" da produção por hectare.

Foram também analisadas outras variáveis relacionadas com a produtividade do capital e do trabalho, que foram as seguintes

Sobre a produtividade do capital:

7) Rácio benefício-custo (BCR), estimado pelo modelo:

RB/C = RM / c

8) Taxa de lucro, estimada pelo modelo:

Taxa de rendibilidade = (RM - c)/ c

9) Número de empregos "E" gerados por milhão de dólares, estimado pelo modelo:

^{6}E/milhões de USD = (10 *(J/(288)))/c

^{6}Onde: 10 é um milhão de dólares americanos.

10) Ponto de equilíbrio "EP", estimado pelo modelo:

$^{-1}$PE= c/RM =Custo ha /RM ha^{-1}

Sobre a produtividade do capital:

11) ^{1}Número de horas de trabalho "h" investidas por hectare, "h ha- ", estimado pelo modelo:

$^{-1}$h ha = J*8

12) $^{-1}$Número de horas de trabalho investidas por tonelada, "h tonelada", estimado pelo modelo:

$^{-1}$h ton =J*8/RF

13) $^{-1}$Quilogramas produzidos por hora de trabalho, "kg h ", estimados pelo modelo:

$^{-13}$Kg h =10 RF/(J*8)

$^{3-1-1}$Onde: 10 é a conversão de RF, em ton ha , para kg ha .

14) Lucro gerado por hora de trabalho, estimado pelo modelo:

$^{-1}$Ganho em USD h = g/(J*8)

15) Lucro gerado por trabalhador, gerado pelo modelo:

$^{-1}$USD lucro trabalhador =288*g*J^{-1}

CAPÍTULO V

V. RESULTADOS E DISCUSSÃO

15.1 Produção, preços, rendimentos, custos e rentabilidade das culturas de trigo e grão-de-bico irrigadas por bombagem em Cajeme, Sonora, ciclo agrícola OI 2014-15.

De acordo com os dados do SIAP (2016), um total de 20.710.981,57 hectares foram colhidos a nível nacional no ciclo OI 2014-15, dos quais 115.550,88 foram de grão-de-bico, representando 0,6% da área colhida nacional, enquanto o trigo em grão foi colhido num total de 634.240,99 hectares, representando 3,1% da área total. Da mesma forma, o Valor Bruto da Produção (VBP) gerado por todo o sector agrícola foi de $395.508,06 milhões de pesos correntes, dos quais a cultura do grão-de-bico branco representou 0,7% ($2.622,67 milhões de pesos), enquanto o trigo representou 3,0% ($11.923,68 milhões de pesos) do VBP nacional.

Desagregando estes números a nível estatal, observa-se que em todo o estado de Sonora foram colhidos um total de 573.765,63 hectares, dos quais 24.657 hectares foram colhidos de grão-de-bico branco (4,3%) e 304.547,50 hectares foram colhidos de trigo em grão, o que representou 53,1% da área colhida a nível estatal. Da mesma forma, a agricultura a nível estatal gerou um total de $27.125,28 milhões de pesos, dos quais 3,2% ($862,54 milhões de pesos) foram gerados pelo cultivo de grão-de-bico e 27,2% ($7.384,39 milhões de pesos) de trigo em grão.

Da mesma forma, de acordo com os dados do SIAP (2014 *Op. Cit.*), a nível regional em Cajeme, Sonora, foram colhidos nesse ano um total de 201.179,04 hectares, dos quais 10.110 foram de grão-de-bico, representando 41,0% da área estadual colhida de grão-de-bico, enquanto o trigo em grão foi colhido num total de 191.068,00 hectares, representando 62,7% da área colhida de trigo em grão a nível estadual. Da mesma forma, o Valor Bruto da Produção (VBP) gerado por todo o sector agrícola foi de $4.839,72 milhões de pesos correntes, dos quais a cultura do grão-de-bico branco representou

40,3% ($347,36 milhões de pesos) do valor gerado a nível estatal, enquanto o trigo representou 65,5% ($4.839,72 milhões de pesos) do VBP gerado a nível estatal (Tabela, 1).

Quadro 1: Importância relativa da produção de grão-de-bico e de trigo em Cajeme.

Nível de agregação	Área colhida (ha)	Produção física anual (ton)	VBP (Milhões de pesos correntes)
Nacional			
Todas as culturas	**20,710,981.57**		$ 395,508.06
Grão-de-bico	**115,550.88**	**209,941.46**	$ 2,622.67
Grão de trigo	**634,240.99**	**3,357,306.00**	$ 11,923.68
% de grão-de-bico em relação ao nacional			0.7%
% de trigo em relação ao trigo nacional	3.1%		3.0%
Estado:			
Sonora	**573,765.63**		$ 27,125.28
Grão-de-bico	**24,657.00**	**65,670.88**	$ 862.54
Grão de trigo	**304,547.50**	**2,089,841.40**	$ 7,384.39
% de grão-de-bico em relação ao Estado	4.3%		3.2%
% de trigo em grão em relação ao Estado	53.1%		27.2%
REGIONAL:CAJEME			
TRIGO	191,068.00	1,357,041.80	$ 4,839.72
GARBANZO	10,110.00	26,125.45	$ 347.36
% de grão-de-bico em relação ao Estado	41.0%	39.8%	40.3%
% de trigo em grão em relação ao Estado	62.7%	64.9%	65.5%
As duas culturas	201,179.04	1,383,168.30	$ 5,188.13
% em comparação com o valor nacional	1.0%		1.3%

Fonte: Elaboração própria, com base em dados do SIAP, 2014.

Como mencionado no parágrafo anterior, foram colhidos em Cajeme um total de 201.178 hectares, dos quais 10.110 foram de grão-de-bico branco (5%), enquanto os restantes 95% foram colhidos de trigo em grão (191.068 hectares), que produziram um total de 26.125,50 toneladas de grão-de-bico branco e 1.357.042 toneladas de trigo em grão. O Valor Bruto da Produção gerado por estas duas culturas para a região de Cajeme, Sonora, foi de 310,3 milhões de dólares, 20,78 milhões de dólares gerados pela cultura do grão-de-bico e 289,54 milhões de dólares gerados pela cultura do trigo em grão.

$^{-1-1-1}$Relativamente ao rendimento físico, o quadro 2 mostra que foram produzidas 6,9 ton ha de grãos (trigo e grão-de-bico), no entanto, uma análise dos valores mostra que o trigo teve um rendimento de 7,10 ton ha , enquanto o grão-de-bico branco teve um rendimento médio de 2,58 ton ha para esse ciclo agrícola, o que indica que a cultura do trigo teve melhores rendimentos nesse ano (quadro, 2).

Por outro lado, a Tabela 2 mostra o preço por tonelada de cada um dos dois cultivos, constatando-se que o trigo teve um preço de US$ 213,4 por tonelada, enquanto o grão de grão-de-bico alcançou US$ 795,4 por tonelada, indicando que o cultivo de grão-de-bico teve um preço 272% superior ao do trigo em Cajeme, Sonora. Essa diferença de preço por tonelada fez com que a renda por hectare do grão-de-bico atingisse US$ 2.055 dólares por hectare, enquanto a cultura do trigo obteve US$ 1.515 dólares por hectare, durante esse ciclo agrícola. Por outro lado, o custo por hectare indica que, enquanto no grão-de-bico branco foi de US$ 1.443 dólares por hectare, no trigo foi de US$ 1.580 dólares por hectare, o que indica que o custo por hectare foi de US$ 1.443 dólares por hectare, enquanto no trigo foi de US$ 1.580 dólares por hectare.

por hectare, o que indica que o custo por hectare na cultura do grão-de-bico foi 8,7% inferior ao custo na cultura do trigo.

Tabela 2: Superfície, produção física anual, Valor Bruto da Produção (VBP), Rácio Benefício-Custo (B/C), horas de trabalho por tonelada, emprego gerado e água utilizada na irrigação em culturas de grão-de-bico e trigo em grão produzidas em Cajeme, Sonora. OI 2014-2015.

Variável macroeconómica	Trigo, Cajeme BFM. Mp	Garbanzo, Cajeme BFM. Mp	Total
a) Área colhida (ha)	191,068.0	10,110.0	201,178.0
b) Produção anual (toneladas)	1,357,042	26,125.5	1,383,167.3
c) VBP (US$ milhões)	$ 289.54	$ 20.78	310.3
d) Rendimento físico "RF" (Ton/ha) = b/a	7.10	2.58	6.9
e) Preço (US$)/tonelada = 1000000*c/b	$ 213.4	$ 795.4	$ 224.4
f) Rendimento (US$) /ha =d*e	$ 1,515	$ 2,055	1,542.5
g) Custo (Us$) /ha	$ 1,580	$ 1,443	1,573.3
h) Custo (US$) /ha sem renda do solo	$ 1,161	$ 1,024	1,154.6
i) Lucro (US$) /ha= f-g	$ -65	$ 613	- 30.8
j) Rácio benefício/custo = f / g	0.96	1.42	0.98
(k) N.º de salários diários "J" /ha	1.20	1.40	1.2
l) kg / dia = 1000 d/ k	5,919	1,846	5,681.9
m) Custo (US$) /tonelada = g/d	$ 222	$ 558	228.8
n) Lucro (US$) /dia = i /k	$ -54	$ 438	- 25.5
o) Lâmina líquida de irrigação (LR) em m	0.75	0.419	0.7
[3]p) Volume de água utilizado / ha (m)	7,500.0	4,190.0	7,333.7
q) Volume de água utilizado em toda a superfície colhida (hitf)	1,433.01	42.36	1,475.4
r) Ganho monetário total (Milhões de US$)	$ -12.39	$ 6.20	- 6.2
s) Total de salários diários por ano	229,282	14,154	243,435.6
t) Número de postos de trabalho permanentes/ano	796	49	845.3
u) Capital investido na produção (US$ milhões)	$ 301.94	$ 14.58	316.5

Fonte: 1) A área, produção e PPV nominal (em milhares de pesos) e preço por tonelada (pesos nominais / tonelada), vêm do SIAP, posteriormente todos os valores monetários foram expressos em US$ de 21 de setembro de 2015 às 1404 horas relatadas pelo Banco do México para o dólar interbancário FIX com uma paridade de $16,175 por dólar americano. 2) O custo por hectare, o número de trabalhadores e o volume de água irrigada por hectare no plantio comercial são do Custo de Produção da FIRA 2014).

Estas diferenças nos custos de produção por hectare e no rendimento por hectare são expressas nos diferentes Rácios Benefício-Custo (B/C) que as culturas tiveram, enquanto o grão-de-bico teve um rácio B/C igual a 1,42, o trigo teve um indicador igual a 0,96, o que indica que enquanto o produtor dedicado à produção de grão-de-bico por cada dólar investido, obteve esse dólar e 0,42 dólares adicionais.96, o que indica que, enquanto o produtor dedicado à produção de grão-de-bico, por cada dólar investido, obteve esse dólar e 0,42 dólares adicionais, ou seja, a produção de grão-de-bico foi rentável, enquanto o produtor dedicado à produção de trigo só recuperou 0,96 dólares de cada peso investido, o que implica que, durante esse ciclo agrícola, a produção não foi rentável. Neste ponto é importante mencionar que estes indicadores de rentabilidade são considerados para os produtores que estão a arrendar a terra num determinado momento, no entanto, se o produtor fosse o proprietário da terra, o indicador R B/C para a cultura do trigo seria de 1,30 e 2,01 no caso do grão-de-bico.

Outra das variáveis indicadas no quadro 2 é o número de trabalhadores diaristas por hectare, que indica que, enquanto na cultura do grão-de-bico foram empregados 1,40 trabalhadores diaristas por hectare, na cultura do trigo foram empregados 1,20 trabalhadores diaristas por hectare.20 diaristas por hectare, pelo que, de acordo com os cálculos efectuados, estima-se que, durante esse ciclo agrícola, para toda a superfície colhida, a cultura do grão-de-bico empregou um total de 14.154 diaristas (o que representa 49 postos de trabalho permanentes por ano), enquanto a cultura do trigo exigiu um total de 229.282 diaristas, o que representa 796 postos de trabalho permanentes. [3]Visto de outro ângulo, a área de trigo e de grão-de-bico exigiu 1.475,5 hectares de água (1.433,01 hm para a cultura do trigo e 42.[333]36 hm para o cultivo do grão-de-bico), o que implicaria um gasto de 7.500 m por hectare no trigo e de 4.190 m no grão-de-bico, considerando uma lâmina líquida de irrigação, mostrada na Tabela 3 (baseada nos custos de produção FIRA por ha), de 0.419 cm no grão-de-bico e de 0,75 cm no trigo em grão (ver Anexos 1 e 2), que multiplicada pela área colhida resulta no volume de água referido.

A Tabela 3 mostra a estrutura de custos absolutos e relativos no cultivo de trigo em grão e de grão-de-bico branco em Cajeme, Sonora. A partir desta fonte, pode ver-se que o custo por hectare do grão-de-bico foi de 1.443 dólares por hectare, ou seja, 24.113 pesos por hectare. A repartição destes valores mostra que o aluguer do solo representou 29% ($7.000 pesos) do custo total, e a fitossanidade representou 13,4% ($3.227 pesos). Por outro lado, na cultura do trigo, o aluguer do solo representou 26,5% ($7.000 pesos) do custo total, seguido da fertilização com 19,2% ($5.078 pesos) do custo total e de itens diversos 13,1% ($3.469 pesos). -1-1Esta mesma análise mostra que o custo da irrigação representou em termos relativos 3,9% ($940 pesos ha) na cultura do grão-de-bico e 6% ($1.575 pesos ha) no trigo, o que implica que o custo por metro cúbico foi de US$ 0.3-3012 no trigo e US $ 0,011 no grão de bico, este indicador é de extrema importância, pois em comparação com outras áreas agrícolas, o custo da água é de € 0,21 m " (o que equivale a US $ 3,94 m) (Salvador, *et al,* [44]2011) .

O custo da água é um índice particularmente importante, sobretudo nas regiões áridas e semi-áridas, onde a superfície cultivada tende a expandir-se. Por conseguinte, este índice indica as estratégias de irrigação a seguir e as culturas que seriam competitivas em determinadas circunstâncias. [45]Estes valores mostram que o preço da água nas regiões do norte do México é muito baixo em comparação com outras regiões agrícolas do mundo, o que contribui para uma utilização ineficiente do recurso, e que estes preços não reflectem o valor real da água, uma vez que, de acordo com Takele e Kallenbach, (2001), os preços da água são importantes para a melhoria da procura e conservação da água.

Quadro 3. Custos de produção por hectare no cultivo de grão-de-bico e trigo em Cajeme, Sonora. OI 2014-2015. B = bombagem; G = gravidade; F = fertilizado; M = sementes melhoradas; mp = maquinaria própria.

	Termos absolutos			Estrutura percentual		
Conceito	Trigo, Cajeme BFM. Mp	Garbanzo, Cajeme BFM. Mp	Média	Trigo, BFM. PM	Grão-de-bico, BFM. Mp	Média
Preparação do terreno	$ 2,351	$ 2,761	$ 2,372	8.9%	11.5%	9.0%
Semeadura	$ 1,890	$ 2,914	$ 1,941	7.2%	12.1%	7.4%
Fertilização	$ 5,078	$ 3,096	$ 4,978	19.2%	12.8%	18.9%
Trabalho cultural	$ 190	$ 430	$ 202	0.7%	1.8%	0.8%
Irrigação	$ 1,575	$ 940	$ 1,543	6.0%	3.9%	5.9%
Fitossanitário	$ 2,517	$ 3,227	$ 2,553	9.5%	13.4%	9.7%
Colheita, seleção e acondicionamento	$ 890	$ 890	$ 890	3.4%	3.7%	3.4%

[44] Salvador, R.; Martinez, C. A.; Cavero, J. e Playan, E. (2011). Desempenho sazonal da irrigação agrícola na bacia do Ebro (Espanha): culturas e sistemas de irrigação. Agricultural Water Management. 98 (4): 577 - 587.

[45] Takele, E., & Kallenbach, R. (2001). Analysis of the Impact of Alfalfa Forage Production under Summer Water-Limiting Circumstances on Productivity, Agricultural and Growers Returns and Plant Stand. Journal of Agronomy and Crop Science, 187(1), 41-46.

Marketing	$ 780	$ 264	$ 754	3.0%	1.1%	2.9%
Diversos	$ 3,469	$ 1,789	$ 3,385	13.1%	7.4%	12.9%
Subtotal	$ 18,740	$ 16,311	$ 18,618	70.9%	67.6%	70.8%
Custo financeiro	$ 674	$ 802	$ 680	2.6%	3.3%	2.6%
Renda da terra por ciclo ($/ha)	$ 7,000	$ 7,000	$ 7,000	26.5%	29.0%	26.6%
Custo total por ha (MX$)	$ 26,414	$ 24,113	$ 26,298	100.0%	100.0%	100.0%
Custo total por ha (US$)	$ 1,580.26	$ 1,443	$ 1,573			
[3]Volume de água utilizado por ha (milhares de m)	7.50	5.00	7.37			
[3]Preço do m (pesos mexicanos)	$ 0.2100	$ 0.1880	$ 0.2104			
[3]Preço do m (US$)	$ 0.012	$ 0.011	$ 0.012			

Fonte: Elaboração própria com base nos custos de produção FIRA por hectare nos anexos 1 e 2.

15.2 Indicadores de produtividade da água em grãos de trigo e grão-de-bico branco produzidos em Cajeme, Sonora.

A análise da produtividade da água é apresentada na Tabela 4, que mostra os indicadores produtivos, económicos e sociais.[46] [47][48]A eficiência do uso da água é um dos indicadores mais utilizados em uma ampla variedade de culturas em Espanha (Garda *et al.,* 201339 ; Lorite *et al.,* 2012 ; Romero *et al.,* 2006), no entanto, no México, há muito pouca informação e em algumas culturas nenhuma informação. [-3-3-1-1]No presente estudo, o indicador de eficiência física da cultura do trigo em Cajeme foi de 0,947 kg m , encontrando um índice mais baixo no grão-de-bico branco produzido na mesma região com 0,617 kg m , o que mostra uma menor eficiência da cultura do grão-de-bico para converter água em grãos, uma vez que utilizou um total de 1.621 L kg , em comparação com a cultura do trigo que utilizou 1.056 L kg (Tabela, 1). [49-350-3]No entanto, os valores do índice de produtividade física do grão de trigo são semelhantes aos determinados por Usman *et al.,* (2012) que para Rechna

[46] Garda, J. G., Lopez, F. C., Usai, D., & Visani, C. (2013). Avaliação Económica e Avaliação Sócio-Económica da Eficiência do Uso da Água na Cultura da Alcachofra. Revista Aberta de Contabilidade. 2(2): 45-52.

[47] Lorite, I. J., Garda-Vila, M., Carmona, M. A., Santos, C., & Soriano, M. A. (2012). Avaliação das recomendações dos serviços de aconselhamento de rega e da gestão da rega pelos agricultores: um estudo de caso no sul de Espanha. gestão de recursos hídricos, 26(8), 2397-2419.

[48] Romero, P., Garcia, J., & Botia, P. (2006). Análise custo-benefício de um pomar de amendoeiras irrigado com défice regulado sob condições de irrigação por gotejamento subsuperficial no sudeste de Espanha. Irrigation Science, 24(3), 175-184.

[49] Usman, M., Kazmi, I., Khaliq, T., Ahmad, A., Saleem, M. F., & Shabbir, A. (2012). Variabilidade no uso da água, produtividade da água da cultura e rentabilidade do arroz e do trigo em Rechna Doab, Punjab, Paquistão. J. Animal Plant Sci, 22(4), 998-1003.

[50] Shabbir, A., Arshad, M., Bakhsh, A., Usman, M., Shakoor, A., Ahmad, I., & Ahmad, A. (2012). Produtividade aparente e real da água para a zona de algodão-trigo de Punjab, Paquistão. Pak. J. Agri. Sci, 49(3), 357-363.

Doab e Punjab, no Paquistão determinaram um índice de 0,94 kg m em grão de trigo, enquanto Shabbir *et al.,* (2012) , determinaram uma média de 0,43 kg m , um indicador que está abaixo do determinado em Cajeme, Sonora. [51] [52] [53-]
[3-3]Outros autores, como Brauman *et al.* (2013) relataram taxas de 0,9 kg $_{m-3}$ para os Estados Unidos e 1,3 kg m na China, por outro lado Aiken *et al.,* (2013)[45], determinaram taxas que variam de 0,28 - 0,62 kg m . Isto indica que na região analisada, os níveis de produtividade da água são comparáveis aos de outras regiões produtoras de trigo; no entanto, melhorias na gestão da água de irrigação ainda devem ser aplicadas para aumentar a produtividade da água no cultivo de trigo em grão. $^{-3}$No caso do grão-de-bico, Gonzalez *et al.,* (2014)[46] em Cuba, a produtividade física do grão-de-bico variou entre 0,34-1,27 kg m-3 , enquanto no milho variou entre 2,03 - 16,43 kg m , o que indica que nas regiões do noroeste do México ainda são necessários grandes esforços para aumentar a produtividade do grão-de-bico branco.

[33]O indicador da variável lucro por hectómetro mostra que na cultura do trigo em grão produzida em Cajeme, Sonora, foi necessária uma média de 115,63 m para gerar 1 dólar de prejuízo (o indicador foi - 115,63), enquanto na cultura do grão-de-bico foi utilizado um total de 6,84 m para gerar um dólar de lucro. Visto de outra forma, isto implica que, no caso do grão-de-bico branco, foi gerado um lucro de 146.276,84 dólares por cada hectómetro cúbico utilizado na irrigação, enquanto no caso do trigo, foram perdidos 8.648,39 dólares por cada hectómetro cúbico utilizado na irrigação da cultura (Quadro 4). Apesar da importância destes indicadores, existe pouca informação disponível sobre a eficiência económica gerada por metro cúbico de irrigação.

$^{-3-3}$ Existem alguns trabalhos desenvolvidos no Mediterrâneo para hortaliças, árvores frutíferas, cereais e oleaginosas; nesse sentido, alguns autores

[51] Brauman, K. A., Siebert, S., & Foley, J. A. (2013). As melhorias na produtividade hídrica das culturas aumentam a sustentabilidade da água e a segurança alimentar - uma análise global. Environmental Research Letters, 8(2), 24-30.

[52] Aiken, R. M., O'Brien, D. M., Olson, B. L., & Murray, L. (2013). A substituição do pousio por cultivo contínuo reduz a produtividade hídrica do trigo do semiárido. Agronomy Journal, 105(1), 199-207.

[53] Gonzalez, R. F.; Herrera, P. J.; Lopez, S. T.; Cid, L. G. 2014. Produtividade da água em algumas culturas agrícolas em Cuba. Revista Ciencias Tecnicas Agropecuarias, 23(4), 21-27.

[47] Garda, J. G., Lopez, F. C., Usai, D., & Visani, C. (2013). Avaliação Económica e Avaliação Sócio-Económica da Eficiência do Uso da Água na Cultura da Alcachofra. Revista Aberta de Contabilidade. 2(2): 45-52.

[48] Romero, P., Garcia, J., & Botia, P. (2006). Análise custo-benefício de um pomar de amendoeiras irrigado com défice regulado sob condições de irrigação por gotejamento subsuperficial no sudeste de Espanha. Irrigation Science, 24(3), 175-184.
Al-Qunaibet, M. H., & Ghanem, A. M. (2014). Eficiência económica na produção de trigo, região de Riade, Arábia Saudita. Life Science Journal, 11(12

determinaram no trigo que o lucro bruto foi de € 0,23 m (equivalente a US$ 0,26), enquanto no girassol e no milho em grão foi de € 0,53 m (equivalente a US$ 0,59) (Garda *et al,* -3 201347; Romero *et al.*, 200648), enquanto Al-Qunaibet e Ghanem, (2014)49 para a região de Riyadh, Arábia Saudita US$ 1,51 m para o trigo em grão.

Isto mostra que o cultivo de trigo em grão foi economicamente improdutivo em relação ao trigo produzido noutras regiões do mundo, dado que utilizou uma grande quantidade de água na região (1.433,01 hectómetros de água), e que o rácio Lucro/Custo da produção de trigo foi negativo, situando-se em 0,96. 3Por outro lado, deve ter-se em conta que a quantidade de água que é necessário investir para gerar 1 dólar, pois de acordo com os resultados, 115,63 m de água para gerar 1 dólar de lucro bruto, que neste caso foi perdido, pelo que se deduz que mesmo que se aumente o investimento de água para a produção de trigo, a rentabilidade da cultura não estaria a favorecer o rendimento gerado, o que implica uma utilização improdutiva da água.

Quadro 4: Indicadores de produtividade do solo, da água, do capital e do trabalho na produção de grão-de-bico e trigo produzidos em Cajeme, Sonora.

Variável económica	Expresso em:	Trigo, Cajeme BFM. Mp	Garbanzo, Cajeme BFM. Mp	Total e/ou média dos 2 municípios
Indicadores da Pegada Mercantil:				
Pegada física: produtividade física da água de irrigação	kg m^{-3}	0.947	0.617	0.932
Pegada física: Eficiência física da água de irrigação	litros kg^{-1}	1,056	1,621	1,073
Pegada económica: Produtividade económica da água de irrigação	USD$ lucro hm^{-3}	$ -8,648.39	$146,276.84	$ 4,176.99
Pegada económica: Eficiência económica da água de irrigação	^{3}m de água por USD$1 de lucro	$-115.63	$ 6.84	$ 239.41
Pegada social: produtividade social da água de irrigação	Empregos hm-	0.56	1.16	0.57
taxa de apropriação privada dos lucros em relação ao preço pago pela água	Sem dimensão	- 0.69	13.01	- 0.33
Produtividade social do capital	Empregos /	2.64	3.37	2.67

(empregos gerados por 1 milhão de dólares)	milhões de US$			
Ponto de equilíbrio "PE	Ton ha-^{1}	7.406	1.814	7.013
Desempenho físico / PE	base 1	0.96	1.42	0.98
Produtividade do trabalho:				
Horas de trabalho investidas por ha	h ha-^{1}	9.6	11.2	9.7
Horas de trabalho investidas por tonelada	h ton-^{1}	1.4	4.3	1.4
Quilogramas produzidos por hora de trabalho	kg h-^{1}	739.8	230.7	710.2
Ganhos gerados por hora de trabalho	US$ h^{-1}	$ -6.76	$ 54.72	$-3.18
Lucro gerado por trabalhador	US$ trabalhador^{-1}	$ -15,567	$126,082	$ 7,331

Fonte: Elaboração própria, com base nos números da Tabela 1 e 2 e nos modelos matemáticos utilizados. Valores monetários em US$ FIX (interbancário) em 21 de setembro de 2015 às 1404 horas, à taxa de $16,715 pesos mexicanos por dólar americano reportada pelo Banco de México.

O índice de apropriação privada dos lucros mostra a relação entre o rendimento gerado e o preço por metro cúbico.

Assim, o índice para o trigo produzido em Cajeme foi de -0,69, o que indica que por cada dólar que o produtor de trigo em grão pagou por metro cúbico de água, apenas 0,69 cêntimos desse dólar foram obtidos em troca. Por outro lado, na cultura do grão-de-bico, o índice foi de 13,01 dólares, o que indica que a cultura foi muito mais produtiva em termos económicos do que o trigo em grão, uma vez que por cada dólar investido na irrigação do grão-de-bico, o produtor obteve um retorno de 12,01 dólares. [54] [55-3]Nesse sentido, De Estefano e Llamas (2012) , determinaram um indicador de € 0,24 m médio para os cereais. Assim, Garda (2015)51 refere que à escala global, a agricultura de regadio é reconhecida como o sector que exige o maior volume de água, pelo que os agricultores têm uma grande responsabilidade na conservação do recurso e é fundamental que façam um uso eficiente do mesmo. Apesar de a cultura do trigo Cajeme apresentar números

[54]De Stefano, L., & Llamas, M. R. (Eds.) (2012). Água, agricultura e ambiente em Espanha: podemos fazer a quadratura do círculo? CRC Press. 301p.

[55] Garda, M. J. 2015. Rumo à rega de precisão na cultura do morango na zona de Donana. Tese de doutoramento. Universidade de Córdoba. Escola Internacional de Doutorado em Agroalimentação eidA3. Campus de Rabanales. março de 2015.

desfavoráveis, *não se deve* fazer uma recomendação simplista, como decidir deixar de produzir esta cultura por apresentar indicadores que indicam o seu uso económico ineficiente da água, pois é uma cultura de *importância estratégica* para qualquer nação, é básica para a alimentação humana, no entanto, o que *deve ser feito* é melhorar através do manejo agrícola, através de pesquisas técnicas e genéticas, para gerar um trigo que faça melhor uso da água.

Indicadores de eficiência social

[-3-3]Em termos de eficiência social da água, que é o número de postos de trabalho gerados por hectómetro de água, o indicador para o trigo foi de 0,56 postos de trabalho hm e de 1,16 postos de trabalho hm para o grão-de-bico. Este indicador é baixo em relação a outras culturas, como os legumes e as árvores de fruto, que requerem uma grande quantidade de mão de obra para actividades que não são realizadas noutras culturas forrageiras ou cereais. [-3-3]Neste sentido, Garcia *et al.*, (2013)[52] determinaram uma taxa que variou entre 24 - 62 postos de trabalho hm na produção de legumes e árvores de fruto, enquanto a produção de culturas de estufa gera até 190 postos de trabalho hm , enquanto Rtes *et al,* [-3-3-3](2015)[53] determinaram uma média para as culturas forrageiras na Comarca Lagunera de 0,048 postos de trabalho hm, variando entre 0,037 postos de trabalho hm na alfafa e 0,076 postos de trabalho hm .

[-1-1]A produtividade horária, ou seja, a quantidade de horas de mão de obra investida por tonelada de produto (trigo em grão), indica que em média foram necessárias 1,4 h ton, o que indica que para produzir uma tonelada de trigo são necessárias 1,4 horas de mão de obra, enquanto que na cultura do grão-de-bico o indicador foi de 4,3 h ton , o que indica que a cultura do trigo é mais produtiva, pois são necessárias menos horas de mão de obra para produzir uma tonelada de grão. [56] [57] [58]De acordo com (Dorward, 2013) , existem outras

---

56 Garda, J. G., Lopez, F. C., Usai, D., & Visani, C. (2013). Avaliação Económica e Avaliação Sócio-Económica da Eficiência do Uso da Água na Cultura da Alcachofra. Revista Aberta de Contabilidade. 2(2): 45-52.

57 Rfos, F. J. L., Torres, M. M., Castro, F. R., Torres, M. M. A., & Ruiz, T. J. (2015). Determinação da pegada de luz azul em culturas forrageiras de DR-017, Comarca Lagunera, México. Rev. FCA UNCUYO, 47 (1), 93-107.

58 Dorward, A. 2013. Produtividade do trabalho agrícola, preços dos alimentos e impactos e indicadores do desenvolvimento sustentável. Food Policy 39 (1): 40-50. Disponível em: https://scholar.google.es/scholar?hl=es&as sdt=0%2C5&q=Dorward%2C+A.+2013.+Agricultural+laboral+productivity%2C+food+prices+and+sustainable+development+impacts+and+indicators.+Food+Policy+39+%281%29%3A+40

duas formas de expressar a produtividade do trabalho, para os indicadores estruturais, ela pode ser medida pelo valor bruto da produção gerada em relação ao número de pessoas empregadas, pelo número de horas trabalhadas. Assim, determina-se que cada trabalhador dedicado à produção de trigo em grão em Cajeme, Sonora, acrescentou 126.082 dólares ao valor dessa cadeia de produção nesse ciclo agrícola, enquanto que no caso do trabalhador dedicado à produção de trigo, foram acrescentados 15.567 dólares por trabalhador. Estes índices estão estreitamente relacionados com a quantidade de trigo e de grão-de-bico produzidos, bem como com o preço de mercado. A este respeito, há uma discussão geral sobre a produtividade agrícola vista como produtividade do trabalho, uma vez que geralmente são utilizados indicadores de impHcit ou expHcit relacionados com a produtividade das culturas.

$^{-1-1}$Neste sentido, determinou-se que o lucro por hora de trabalho investido para a produção de trigo em grão em Cajeme, Sonora, foi de - US$ 6,76 h, o que indica que esta cultura foi improdutiva em relação ao grão de bico, que gerou US$ 54,72 h, o que indica que, em termos económicos, o grão de bico foi o que se mostrou mais produtivo no uso da água.

$^{-1-1}$A mesma Tabela 4 mostra que, sob as mesmas condições de cultura e mercado, a quantidade mínima necessária para produzir para ter uma operação viável (ponto de equilíbrio) é de 7,40 ton ha no caso do trigo e 1,81 ton ha para o grão-de-bico branco produzido em Cajeme. $^{-1-1}$Tendo em consideração a produção obtida em cada uma das culturas, observa-se que o trigo em grão se situou abaixo do ponto de equilíbrio, com 7,102 ton ha , o que o coloca como uma cultura economicamente improdutiva, enquanto a cultura do grão-de-bico branco se situou acima do ponto de equilíbrio com 2,584 ton ha . A variável que avalia a vulnerabilidade creditícia da cultura, na perspetiva de quantas vezes o rendimento físico por hectare cobre o ponto de equilíbrio. $^{-1-1-1}$Assim, a Tabela 4 indica que, no caso do trigo, o rendimento físico por hectare (7,102 ton ha), foi capaz de cobrir 0,96 vezes as 7,406 ton ha que tinha como ponto de equilíbrio; ou seja, a cultura nessa região não

-50&btnG=

produziu 0,304 ton ha para recuperar apenas o que foi investido. Enquanto que no caso do grão-de-bico branco conseguiu cobrir apenas 1,42 vezes o seu ponto de equilíbrio, o que também indica que a cultura teve um Rácio Lucro/Custo igual a 1,42, o que implica que em Cajeme, durante aquele ciclo agrícola, apenas o grão-de-bico foi economicamente produtivo.

CAPÍTULO VI

VI. CONCLUSÕES E RECOMENDAÇÕES

VI.1 Conclusões

$^{-1-3-1-3}$Com base na metodologia utilizada e nos resultados obtidos com a mesma, rejeita-se a ***primeira*** hipótese, uma vez que a pegada tétrica em termos ***físicos*** na cultura de trigo em grão produzida em Cajeme, Sonora, foi inferior à determinada na cultura de grão-de-bico branco, uma vez que o trigo utilizou 1.056 L kg e produziu 0,947 kg m , enquanto o grão-de-bico utilizou 1.621 L kg e produziu 0,617 kg m .

Com base na metodologia utilizada e nos resultados obtidos com a mesma, aceita-se a ***segunda*** hipótese, uma vez que a pegada hídrica em termos ***económicos*** na cultura de trigo em grão produzida em Cajeme, Sonora, foi inferior à determinada no grão-de-bico branco, porque no trigo foram investidos 115.63 metros cúbicos foram investidos para gerar um prejuízo de US$ 1 dólar, e foram gerados US$ 8.648,39 dólares por hectómetro de água utilizada na irrigação do trigo, enquanto no grão-de-bico branco foram utilizados 6,84 metros cúbicos para obter um lucro de US$ 1 dólar, e foram obtidos US$ 146.276,84 dólares por hectómetro de água utilizada na irrigação do grão-de-bico branco.

A terceira hipótese é aceite, uma vez que o grão-de-bico gerou 1,16 postos de trabalho por hectómetro, enquanto o trigo gerou 0,56 postos de trabalho por hectómetro.

VI.2 Recomendações

Recomenda-se a realização deste tipo de estudos noutras zonas produtoras de trigo e grão-de-bico branco, como Michoacan, Chihuahua e Guanajuato, para determinar qual é a região eficiente na produção deste grão básico, para que essas regiões sejam responsáveis pela produção de um alimento tão importante, bem como naquelas regiões onde o trigo deve ser substituído, dada a sua ineficiência no uso da água, por outras culturas que façam melhor uso da água. Recomenda-se também que se envidem esforços noutras áreas, como a geração de germoplasma e de novas tecnologias que possam fazer um uso mais eficiente da água nas zonas áridas e semi-áridas do nosso país, tendo em conta que nestas zonas se produz uma quantidade significativa de alimentos, que há pouca pluviosidade e que há uma elevada incidência de contingências climáticas que afectam a produção agrícola.

Em nome da autarquia, ou seja, da soberania alimentar, é aconselhável que o México não dependa do trigo produzido no estrangeiro para a alimentação da população, bem como para o abastecimento da indústria de panificação e massas alimentícias, pelo que as instituições responsáveis pela investigação e promoção produtiva devem concentrar-se na produção e promoção de novas variedades de trigo que exijam menos horas de trabalho por tonelada, que exijam menos água por kg produzido e nas quais o capital investido seja socialmente mais rentável, devem centrar-se na produção e promoção da sementeira de novas variedades de trigo que exijam menos horas de trabalho por tonelada, que exijam menos água por kg produzido e nas quais o capital investido seja socialmente mais rentável, ou seja, que gere mais emprego por quantidade de capital investido.

A pegada hídrica física, ou seja, a que avalia a quantidade de água por kg de produto, já é um instrumento poderoso que permite selecionar as culturas com uma menor necessidade unitária de água, mas é preciso ter sempre presente que *a sustentabilidade* se baseia em três preceitos: [33]O ecológico, o económico e o social, razão pela qual a agricultura mexicana deve deixar de tomar o solo (toneladas por hectare) como única referência para a produtividade e as componentes físicas, económicas e sociais da pegada hídrica (litros por kg, lucro por m e empregos gerados por Hm, respetivamente) devem ser incorporadas em todas as análises económicas das actividades agrícolas, pecuárias e florestais, uma vez que, para que algo seja sustentável, deve necessariamente ser sustentável a longo prazo, deve também ser sustentável a longo prazo, uma vez que, para que algo seja sustentável, deve necessariamente ser sustentável a longo prazo, deve ser sustentável a longo prazo, Isto coloca a enorme tarefa de elaborar matrizes nacionais e regionais de pegada hídrica para utilização na geração de padrões agrícolas, pecuários e florestais capazes de poupar água no presente para utilização futura, aumentando ao mesmo tempo o valor da produção e do emprego e, consequentemente, o bem-estar social.

LITERATURA CITADA

Aiken, R. M., O'Brien, D. M., Olson, B. L., & Murray, L. (2013). A substituição do pousio por cultivo contínuo reduz a produtividade hídrica do trigo do semiárido. Agronomy Journal, 105(1), 199-207.

Al-Qunaibet, M. H., & Ghanem, A. M. (2014). Eficiência económica na produção de trigo, região de Riade, Arábia Saudita. Life Science Journal, 11(12).

Amaya, M. J. 2015. Trigo em grão (Triticum vulgare) de Cajeme, Sonora e sua pegada ^drica. Tese. Universidad Autonoma Chapingo- Departamento de Zootecnia. Texcoco Edo de México. 55p.

Astori D. 1984. Uma abordagem crítica dos modelos de contabilidade social. 5 [a] edicion. Siglo veintiuno editores. México.

Brauman, K. A., Siebert, S., & Foley, J. A. (2013). As melhorias na produtividade hídrica das culturas aumentam a sustentabilidade da água e a segurança alimentar - uma análise global. Environmental Research Letters, 8(2), 24-30.

CONAGUA, 2007. Comissão Nacional da Água. Determinação da disponibilidade de água no Acuifero 2605 Caborca, Estado de Sonora. CONAGUA, 31p.

De Stefano, L., & Llamas, M. R. (Eds.) (2012). Água, agricultura e ambiente em Espanha: podemos fazer a quadratura do círculo? CRC Press. 301p.

D^az, J.P. 2013. O trigo mexicano vem do sul de Sonora. Nota do Economist de 14 de agosto de 2013. Disponível em: http://eleconomista.com.mx/columnas/agro-negocios/2013/08/14/trigo-mexicano-viene-sur-sonora / último acesso em 15 de outubro de 2015.

Donnadieu P, M Roux-Michollet, V Chastagnier . 1999. Revista Filosófica A, **1999^Taylor** & Francis. Disponível em: Um estudo quantitativo por microscopia **eletrónica** de **transmissão** de precipitados em nanoescala

Dorward, A. 2013. Produtividade do trabalho agrícola, preços dos alimentos e impactos e indicadores de desenvolvimento sustentável. Food Policy 39 (1): 40-50.Disponível em: https://scholar.google.es/scholar?hl=es&as sdt=0%2C5&q=Dorward

%2C+A.+2013.+Agricultural+laboral+productivity%2C+food+prices+and+sustainable+development+impacts+and+indicators.+Food+Policy+39+%281%29%3A+40-50&btnG=
em ligas Al-Mg-Si

FAO: Unlocking water's potential for agriculture Chapter 3. Why water productivity matters for global water development. Departamento de Desenvolvimento Sustentável. Roma, Itália. 2003.

Fergusson CH. E. e J. P. Gould. 1987. Theona microeconomica. FCE. México, DF.pag. 11

Garda, J. G., Lopez, F. C., Usai, D., & Visani, C. (2013). Avaliação Económica e Avaliação Sócio-Económica da Eficiência do Uso da Água na Cultura da Alcachofra. Revista Aberta de Contabilidade. 2(2): 45-52.

Garda, M. J. 2015. Rumo à rega de precisão na cultura do morango na zona de Donana. Tese de doutoramento. Universidade de Córdoba. Escola Internacional de Doutorado em Agroalimentação eidA3. Campus de Rabanales. março de 2015.

Gonzalez, R. F.; Herrera, P. J.; Lopez, S. T.; Cid, L. G. 2014. Produtividade da água em algumas culturas agrícolas em Cuba. Revista Ciencias Tecnicas Agropecuarias, 23(4), 21-27.

Hoekstra, A. Y. 2006. The global dimension of water governance: Nine reasons for global arrangements in order to cope with local water.
problemas. Value of Water Report Series No. 20, UNESCO-IHE, Delft, Países Baixos. Disponível em:
http://www.waterfootprint.org/Report 20Gestão global da água.pd f/

Hoekstra, A. Y.; Chapagain, A. K.; Waterfootprints of nations: Water use by people as a function of their consumption pattern. Water Resources Management. 21(1):35-48.

Hoekstra, A. Y.; Chapagain, A. K.; Aldaya, M.; Mekonnen, M. M. 2011. The water footprint assessment manual setting the global standard. Earthscan, Londres, Reino Unido. 227p.

Hussain, I.; Turral, H.; Molden, D. e Ahmad, M. (2007). Measuring & Enhancing the Value of Agricultural Water in Irrigated River Basins. Irrigation

Science. 25 (3): 263-282.

INIFAP. 2004. O cultivo do grão-de-bico branco em Sonora. Instituto Nacional de Investigações Florestais, Agrícolas e Pecuárias. Centro Regional de Investigação do Noroeste. Campo Experimental Costa de Hermosillo. Libro Tecnico No 6. 290p.

INIFAP. 2005. Costa 2005. Nova variedade de grão-de-bico branco para a Costa de Hermosillo. Instituto Nacional de Investigaciones Forestales, Agricolas y Pecuarias. Centro Regional de Investigação do Noroeste. Campo Experimental da Costa de Hermosillo. Folheto técnico n° 28. 24p.

Kijne, J. W; R. Barker; Molden, D (eds.) 2003. Water productivity in agriculture: Limits and Opportunities for Improvement. Publicação CABI, Wallingford, Reino Unido. 322p

Lorite, I. J., Gartia-Vila, M., Carmona, M. A., Santos, C., & Soriano, M. A. (2012). Avaliação das recomendações dos serviços de aconselhamento em matéria de irrigação e da gestão da irrigação pelos agricultores: um estudo de caso no sul de Espanha. gestão dos recursos hídricos, 26(8), 2397-2419.

Mekonnen, M. M.; e Hoekstra, A. Y. 2010. Uma avaliação global e de alta resolução da pegada hídrica verde, azul e cinzenta do trigo. Hydrology and Earth System Sciences. 14: 1259-1276.

McCullough, E. B., & Matson, P. A. (2011). Evolução do sistema de conhecimento para o desenvolvimento agrícola no Vale Yaqui, Sonora, México. Actas da Academia Nacional de Ciências, 201011602. 1-6p.

Mekonnen M. M. e A. Y. Hoekstra. 2011. The green, blue and grey water footprint of crops and derived crop products. Hydrology and Earth Systems Sciences 15:1577-1600.

Monreal, R., M. Rangel, J. Castillo e M. Morales. 2002. Estudio de cuantificacion de la cuanficacion de la recarga del acuifero de la Costa de Hermosillo, municipio de Hermosillo, Sonora, Mexico. Hermosillo: Universidade de Sonora.

Rfos F. JL.; Torres, M. MA.; Torres, M. M.; Castro, F. R. 2014a. Produtividade económica e social da água em uvas sultana e de mesa em DDR-037, Sonora. Relatório da 59ª Reunião Anual do Programa Cooperativo Centro-

Americano de Melhoramento de Culturas e Animais (PCCMCA). Manágua, Nicarágua, de 28 de abril a 3 de maio de 2014. 128pp.

Rfc "s Flores, J.L., Rios Arredondo B. E., Cantu Brito J. E., Rios Arredondo H. E.,, Armendariz Erives S., Chavez Rivero, J. A., Navarrete Molina C., Castro Franco R. 2018. Análise da eficiência física, económica e social da água em espargos (*Asparagus officinalis* L.*) e* uvas de mesa (*Vitis virifera)* de DR-037 Altar-Pitiquito-Caborca, Sonora, México 2014. Revista da Faculdade de Ciências Agrárias. Universidade Nacional de Cuyo. Volume 5. No. 1 ano 2015. ISSN impresso 0370-4661. ISSN on-line 1853-8665. Mendoza, Argentina. pp. 101-122.

Rios, J. L.; Torres, M. M.; Castro, R.; Torres, M. A. 2015. Determinação da pegada hídrica azul em culturas forrageiras da DR-017 Comarca Lagunera, México. Revista da Faculdade de Ciências Agrárias. Universidad Nacional de Cuyo. Volume 47. No. 1 ano 2015. ISSN impresso 0370-4661. ISSN on-line 1853-8665. Mendoza, Argentina. pp. 93-107.

Rtes, F. JL.; Torres, M. M.; Ruiz, T. J.; Castro, F. R. 2014. Produtividade e eficiência da água de irrigação no algodão (Gosspium hirsuntum) da DR-017 Comarca Lagunera e DDR-148 Cajeme, Sonora. Relatório do X Congreso Nacional Sobre Recursos Bioticos De Zonas Aridas. Bermejillo, Durango, 1 de outubro de 2014. 206-214pp.

Romero, P., Gartia, J., & Botfa, P. (2006). Análise custo-benefício de um pomar de amendoeiras irrigado por défice regulado sob condições de irrigação por gotejamento subsuperficial no sudeste de Espanha. Ciência da Irrigação, 24(3), 175-184.

Salinas-Zavala, C. A., Salvador E, L. C., & Fogel, I. 2006. History of winter wheat crop development in five irrigation districts in the Sonoran Desert, Mexico. Interscience. 31(4): 254-261.

Salvador, R.; Martmez, C. A.; Cavero, J. e Playan, E. (2011). Desempenho sazonal da irrigação agrícola na bacia do Ebro (Espanha): culturas e sistemas de irrigação. Agricultural Water Management. 98 (4): 577 - 587.

Sanchez, M. A. (2008). Organizações do sector social no Vale do Yaqui. Frontera Norte, 20(40): 135-167.

Schoups, G., Addams, C. L., Minjares, J. L., & Gorelick, S. M. (2006). Sustainable conjunctive water management in irrigated agriculture: Model formulation and application to the Yaqui Valley, Mexico.Water Resources Research, 42(10).

Shabbir, A., Arshad, M., Bakhsh, A., Usman, M., Shakoor, A., Ahmad, I., & Ahmad, A. (2012). Produtividade aparente e real da água para a zona de trigo de algodão de Punjab, Paquistão. Pak. J. Agri. Sci, 49(3), 357-363.

SIAP (2014). Infograffa alimentar. Sonora. Sistema de Informação Agrícola - SAGARPA. 1 [a]edição. 70pp. Disponível em: http://www.siap.gob.mx/pdfjs/web/viewer.php?file=Sonora.pdf / (Acedido em 20 de setembro de 2015).

SIAP. (2015). Sistema de Informação Agrícola. Fechamento da produção agrícola por estado. Disponível em: http://www.siap.gob.mx/cierre-de-la-produccion-agricola-por-estado/

SIAP, 2016. Anuarios estad^sticos de la producción agropecuaria. Serviço de Informação Agroalimentar e Pesqueira. SAGARPA-SIAP. Disponível em: http://www.siap.gob.mx/ / (último acesso em 25 de agosto de 2015).

SIAP. (2015). Sistema de Informação Agrícola. Fechamento da produção agrícola por estado. Disponível em: http://www.siap.gob.mx/cierre-de-la-produccion-agricola-por-estado/ (Acedido em 30 de setembro de 2015).

Takele, E., & Kallenbach, R. (2001). Analysis of the Impact of Alfalfa Forage Production under Summer Water-Limiting Circumstances on Productivity, Agricultural and Growers Returns and Plant Stand. Journal of Agronomy and Crop Science, 187(1), 41-46.

Usman, M., Kazmi, I., Khaliq, T., Ahmad, A., Saleem, M. F., & Shabbir, A. (2012). Variabilidade no uso da água, produtividade da água da cultura e rentabilidade do arroz e do trigo em Rechna Doab, Punjab, Paquistão. J. Animal Plant Sci, 22(4), 998-1003.

Printed by Books on Demand GmbH, Norderstedt / Germany